Philipp Richter, Kevin Kinne

Prognose Landtagswahlen Sachsen-Anhalt

GRIN Verlag

Bibliografische Information der Deutschen Nationalbibliothek:

Die Deutsche Bibliothek verzeichnet diese Publikation in der Deutschen Nationalbibliografie; detaillierte bibliografische Daten sind im Internet über http://dnb.d-nb.de/ abrufbar.

Impressum:

Druck und Bindung: Books on Demand GmbH, Norderstedt Germany
ISBN: 978-3-656-25041-8

Dieses Buch bei GRIN:

http://www.grin.com/de/e-book/198401/prognose-landtagswahlen-sachsen-anhalt

Otto-von-Guericke-Universität Magdeburg
Fakultät für Wirtschaftswissenschaft
Lehrstuhl für Empirische Wirtschaftsforschung

Prognose
Landtagswahl Sachsen-Anhalt

Seminararbeit
im Rahmen des Seminars zur Unternehmensberatung

von

Name	Studiengang
Philipp Richter	BWL
Kevin Kinne	BWL

Abgabedatum: 31.03.2011

Management Summary

Diese Arbeit beschäftigt sich mit der Recherche und Analyse bestehender Prognoseverfahren, sowie mit der Entwicklung eines Prognoseverfahrens. Als zentrales Anliegen wird die Entwicklung eines Experimentaldesigns zur Wahlprognose verfolgt. Ziel des Verfahrens ist es den Wahlausgang für die Landtagswahl 2011 in Sachen-Anhalt möglichst genau zu prognostizieren.

In diesem Experiment soll verglichen werden, ob eine Schätzung oder eine Auktion näher am tatsächlichen Wahlergebnis liegt. Außerdem soll durch die Analyse von Präferenzen und Schätzungen ein Rückschluss auf die Zahlungsbereitschaft in der Auktion gezogen werden. Darüber hinaus soll überprüft werden, ob Teilnehmer mit höherem Politikwissen eine genauere Schätzung abgegeben haben als Teilnehmer mit niedrigerem Politikwissen. Zu diesem Anliegen ist ein Fragebogen erstellt wurden.

Die Durchführung des Experiments fand im MaxLab der Otto von Guericke Universität Magdeburg am 28.02.2011 statt. Zur Erhebung und Auswertung ausreichender Daten wurde des Weiteren festgelegt, dass zwei Durchgänge mit jeweils zehn Personen stattfinden. Zum Experiment vom 28.02. sind zwei Personen nicht erschienen, dies stellte aber Aufgrund des Experimentalaufbaus keine Probleme dar. Das Experiment wurde somit in zwei Durchgängen mit jeweils neun Personen durchgeführt.

Die Teilnehmer machten im Experiment zunächst die Angaben auf dem Fragebogen und gaben ihre persönlichen Präferenzen sowie eine Schätzung zum Wahlausgang ab. Das Experiment fand nicht am Computer statt, so dass die Teilnehmer ihre Angaben auf Bögen vermerkten. Hierzu wurde zunächst der Fragebogen ausgeteilt und die Teilnehmer bekamen Zeit zum ausfüllen des Fragebogens. Anschließend wurde der Fragebogen eingesammelt und das gleiche Vorgehen setzte sich mit den Präferenzen und der Schätzung fort.

Im dritten Teil fand die Auktion in Bieterrunden statt. Hierzu versammelten sich die Teilnehmer zentral im Raum. Die Probanten machten ihre Gebote während der Auktion nicht anonym. Eine Person diente als Auktionator und eine weitere Person fertigte eine Bieterhistorie an.

Bei der Auswertung der Datenmengen bestätigt sich, dass Probanden mit höherem Politikwissen eine genauere Schätzung abgeben konnten. Zur Analyse der Angaben im Fragebogen dient ein Scoringmodell.

Des Weiteren ist festzustellen, dass weder die Präferenzen noch die Schätzungen wesentlich das Verhalten in der Auktion beeinflussen. Es ist lediglich die Aussage zu treffen, dass die Schätzungen in diesem Kontext einen größeren Einfluss auf das Auktionsverhalten haben als die Präferenzen. Dies liegt unter anderem daran, dass die Auszahlung für die Auktion durch das Höchstgebot an die Schätzung gebunden ist.

Außerdem konnte bewiesen werden, dass die Auktion näher am tatsächlichen Ergebnis liegt als die Schätzung. Da die Stichprobe nicht Repräsentativ aus der Bevölkerung verteilt ist, sondern alle 18 Teilnehmer Studenten im Alter von 20-30 Jahren sind, ist zusätzlich das Ergebnis der Experimentdaten mit dem Wahlausgang der unter dreißigjährigen verglichen wurden. Hierbei ist festzustellen, dass dadurch die Aussagekraft der Daten zwar gesteigert werden kann, aber an der Tatsache, dass das Ergebnis der Auktion näher am Wahlausgang liegt, als die Schätzung, änderte sich nichts. Allerdings sind die Daten der Meinungsforschungsinstitute nicht in der Differenziertheit der Tätigkeit Student erhoben wurden. Daher konnten die Daten wie bereits erwähnt nur mit dem Wahlergebnis der unter dreißigjährigen verglichen werden.

Wissenschaftlicher Teil

1. Einleitung

Die Prognose von Wahlausgängen erlangt auf Basis der Tatsache, dass sich das Parteienspektrum in Deutschland erweitert hat eine immer größere Bedeutung. In 11 von 16 Landesparlamenten sind mittlerweile fünf Parteien vertreten. Eine möglichst genaue Wahlprognose, um im Vorfeld mögliche Koalitionen aufzuzeigen, ist daher erforderlich. In Deutschland ist die Durchführung von Umfragen ein zentraler Bestandteil zur Vorhersage von Wahlergebnissen. Umfragen sind jedoch nicht ganz unumstritten, da einige Politiker ihnen vorwerfen, dass sie das Wahlergebnis beeinflussen können (Flath, 2006, S.3). Zudem ist die Durchführung von Umfragen, wie bspw. der Sonntagsumfrage kein wissenschaftliches Prognoseverfahren. Die Zahl wissenschaftlicher Prognosemodelle ist in Deutschland noch nicht sehr fortgeschritten, da hierzulande wie bereits erwähnt Umfragen einen großen Stellenwert besitzen (Groß, 2010, S.16). Zu herausragenden Prognosemodellen, welche bereits in Deutschland Anwendung fanden zählt zum einen die Durchführung von Wahlbörsen (Brüggelambert, 1999) und zum anderen die Entwicklung der so genannten „Zauberformel“ (Norpoth/Gschwend, 2004).

Diese Arbeit beschäftigt sich mit der Wahlprognose mittels eines Schätzverfahrens. Des Weiteren wird zur Prognose die Durchführung einer Auktion herangezogen. Für die Erlangung von Rückschlüssen bezüglich der Ergebnisse beider Verfahren werden die Erkenntnisse aus einem Fragebogen zum politischen Wissen und aus der Abgabe der persönlichen Präferenzen herangezogen. Darüber hinaus wird die Anwendbarkeit des Auktionsmodells mit der Wahlbörse und der „Zauberformel“ kurz vergleichen.

2. Zielsetzung und Hypothesen

Kernanliegen des Experiments ist eine möglichst genaue Prognose des Wahlergebnisses. In diesem Zusammenhang lautet die erste Hypothese wie folgt: Die Teilnehmer mit höherem Politikwissen geben eine genauere Schätzung des Wahlergebnisses ab. Diese Hypothese wird durch die zweite Hypothese ergänzt: Durch die Schätzung lässt sich das Wahlergebnis prognostizieren. Um zwischen der Prognosegenauigkeit zweier Verfahren zu unterscheiden wird die dritte Hypothese hinzugezogen: Durch die Auktion lässt sich das Wahlergebnis prognostizieren. Die Prognose soll unter Verwendung einer möglichst geringen Teilnehmerzahl gewährleistet werden. Damit soll für eventuell spätere Anwendungen ein kostengünstiges Modell zur Wahlprognose entstehen. Im folgenden Schritt wird analysiert, ob die Vorgehensweisen in der Wahlbörse und in der „Zauberformel" für diese experimentellen Ziele geeignet sind.

Eines der bekanntesten wissenschaftlichen Prognosemodelle bildet die Wahlbörse. Bei diesem Verfahren liegt eine Double Auction zu Grunde und die Teilnehmer handeln untereinander Aktien (Parteien). Die Bezugsgröße für den Handel bildet hierbei die Umrechnung des Aktienkurses in Prozent. Die Teilnehmer verkaufen demnach eine Aktie, wenn sie glauben, dass sie nach dem feststehen des amtlichen Endergebnisses weniger Wert ist. In diesem Zusammenhang kaufen die Teilnehmer eine Aktie, wenn Sie glauben, dass die Aktie nach der Ermittlung des amtlichen Endergebnisses mehr Wert ist (Brüggelambert, 1999). Die Teilnehmer setzen also ihr eigenes Kapital ein, um durch Spekulation auf ein zukünftiges noch nicht feststehendes Ereignis Gewinne zu erzielen. Für deutsche Rechtsverhältnisse stellt dieses Vorgehen möglicherweise einen Konflikt in Bezug auf das Glücksspiel dar. Des Weiteren wurde für die Prognosefähigkeit der bereits durchgeführten Wahlbörsen eine große Anzahl von Testpersonen benötigt. Zudem ist die Prognosefähigkeit der bisher durchgeführten Wahlbörsen eher durchwachsen (Brüggelambert, 1999). Außerdem muss eine Wahlbörse über längere Zeit durchgeführt werden und dies bedeutet die Bereitstellung geeigneter Computertechnik, welche sehr kapitalintensiv erworben bzw. entwickelt werden muss. Aus diesen Gründen ist die Durchführung einer Wahlbörse für die experimentelle Zielsetzung nicht geeignet.

Ein weiteres Modell zur Wahlprognose ist in der Entwicklung der so genannten „Zauberformel" zu sehen. In diese Formel werden die Parteiunterstützung, die Kanzlerunterstützung und der Regierungsverschleiß berücksichtigt (Norpoth/Gschwend, 2004). Zur Bestimmung dieser Größen sind jedoch bundespolitische Daten aus den letzten Jahrzehnten erforderlich. Darüber hinaus werden zur Ermittlung der Kanzlerunterstützung Umfragedaten verwendet. Aufgrund der Tatsache, dass das Ergebnis der Landtagswahlen in Sachsen-Anhalt prognostiziert werde soll und Umfragedaten nicht dem Anspruch wissenschaftlicher Modelle entsprechen (Groß, 2010, S.16), kann diese Formel ebenfalls nicht angewendet werden.

Die beschriebenen Prognosemodelle sind für die Wahlprognose der Landtagswahl Sachsen-Anhalt 2011 wenig geeignet. Deshalb ist das in Punkt drei beschriebene Experimentaldesign entwickelt wurden.

3. Experimentalaufbau

Die Experimentalanleitung besteht aus drei Teilen. Der erste Teil besteht aus einem Fragebogen mit 13 Fragen. Experimentalanleitung und Fragebogen sind dem Anhang beigefügt. Durch die Beantwortung der Fragen soll das Politikwissen analysiert werden.

Der zweite Teil ist in zwei Abschnitte gegliedert. In Abschnitt 2a soll die individuelle Präferenzabgabe der Teilnehmer erfolgen. Die Teilnehmer können dabei 100 Stimmen auf sechs Parteien verteilten. Diese Sechs Parteien sind die CDU, SPD, FDP, Bündnis90/ Die Grünen, Die Linke und Sonstige. Die Sonstigen sind alle Parteien, die weiterhin zur Landtagswahl antreten, aber nicht bei den genannten enthalten sind. Die Verteilung der Stimmen ist dabei den Teilnehmern überlassen. Die Probanten können die Stimmen auf eine Partei verteilen oder auf mehrere bzw. alle. Wichtig ist dabei, dass die Teilnehmer beachten, dass die Summe 100 Stimmen nicht übersteigt. Für die Angaben im Fragebogen und die Abgabe der Präferenzen erhalten die Teilnehmer eine Entlohnung von zwei Euro. Dieser Betrag soll ähnlich wie eine Zahlung für die Teilnahme die Motivation für das Experiment wecken (Nyarko/Schotter, 2002).

In Abschnitt 2b soll die Schätzung des Wahlausgangs stattfinden. In diesem Teil werden die Teilnehmer gefragt, wie das tatsächliche Wahlergebnis aussehen wird (Also wie viel Prozent die jeweiligen Parteien tatsächlich bekommen werden). Die Teilnehmer verteilen hierfür 100 Prozent so, wie nach Meinung der Teilnehmer die Wahl tatsächlich ausgehen wird. Zur Ermittlung der Auszahlung liegt folgende Funktion zu Grunde:

$$AuszuzahlenderBetrag = Fixbetrag - \sum (tatsächlichesErgebnis - geschätztesErgebnis)^2$$

Für die Schätzung des Wahlergebnisses wird ein Fixbetrag von zwei Euro ausgezahlt. Davon wird die Summe der quadrierten Abweichungen zwischen dem tatsächlichen Ergebnis und dem geschätzten Ergebnis der Teilnehmer abgezogen. Es erfolgt anschließend eine Umrechnung und hierbei entspricht eine Einheit der quadrierten Abweichung einem Eurocent. Die Bereitstellung des Fixbetrages soll einen Entlohnungsanreiz für die Abgabe der Schätzung schaffen (Nyarko/Schotter, 2002).

Da Individuen drohende Verluste stärker wahrnehmen als mögliche Gewinne wird die minimale Auszahlung auf 0 Euro begrenzt (Kahneman/Tversky, 1979). Somit wird sichergestellt, dass alle Teilnehmer Angaben machen und nicht durch eventuell drohende Verluste abgeschreckt werden. Die quadratische Abweichung wird herangezogen, weil dadurch große Abweichungen in größerem Umfang bestraft werden als kleine Abweichungen. Die Teilnehmer maximieren also Ihre Auszahlung bei einer genauen Schätzung und dies stellt die Anreizkompatibilität der Auszahlungsfunktion sicher (Sonnemens/Offerman, 2001).

Im dritten Teil wird eine Auktion durchgeführt. In jeder Bieterrunde wird eine andere Partei als Aktie versteigert. Hierzu werden Zertifikate angefertigt und dem Höchstbietenden bei erfolgreicher Auktion ausgehändigt. Um einen realitätsgetreuen Bezug zu schaffen sind Bieterkarten angefertigt wurden. Zur Versteigerung stehen die CDU, SPD, FDP, Bündnis90/ Die Grünen, Die Linke und Sonstige Parteien.

Alle Auktionen beginnen bei einem Startwert von 0,00 Euro. Das Mindestgebot (zugleich also der kleinste Bietschritt) beträgt 0,10 Euro. Der Auktionator setzt anschließend in 10-Cent-Schritten die weiteren Bietmöglichkeiten fest. Nachdem der Auktionator eine Partei aufgerufen hat, kann jeder Teilnehmer solange Gebote abgeben, bis die Partei versteigert ist. Wird ein Gebot von mehreren Teilnehmern genannt, so wird es dem Teilnehmer zugeordnet, der es als erstes angesagt hat. Allerdings sind bei diesem Vorgehen Komplikationen aufgetreten, so dass im Folgenden ein Münzwurf entschied, welcher Teilnehmer den Zuschlag erhält. Im ersten Durchgang der Auktion ist folgendes Problem aufgetreten. Die Bieter signalisierten wie beschrieben dem Auktionator durch heben der Karte, dass Sie für die Aktie bieten möchten. Der Auktionsmechanismus führte jedoch zu Dokumentationsschwierigkeiten bezüglich der Bieterhistorie im ersten Durchgang, so dass im zweiten Durchgang die Auktion geringfügig abgeändert wurde. Die Teilnehmer hoben nun zu Beginn jeder Bieterrunde Ihre Bieterkarten und signalisierten infolge dessen einen Ausstieg aus der jeweiligen Bieterrunde, wenn Sie Ihre Karte senkten. Dadurch konnte die Dokumentationsqualität gesteigert werden (der im Anhang befindliche Experimentalaufbau entspricht allerdings noch dem Vorgehen aus dem ersten Durchgang).

Den Zuschlag erhält der Bieter, der das höchste Gebot abgegeben hat. Dieser bezahlt jedoch nur den Wert des zweithöchsten Gebots. Insgesamt kommt es also zu sechs Auktionsrunden, eine für jede der genannten Parteien. Die Teilnehmer erhalten für die Auktion ein Budget von fünf Euro. Mit diesem Budget können Sie in dieser Auktion bieten. Sollten Sie kein Los ersteigern, so verfällt der Betrag. Sollten Sie ein Los ersteigern, so wird der Restbetrag nicht ausgezahlt. Es ist auch möglich mehr als die fünf Euro zu bieten. Den überschüssigen Betrag müssen die Teilnehmer allerdings selbst bezahlen.

Das zu Grunde liegende Auktionsmodell besteht zusammenfassend in einer Zweitpreisauktion mit offenen Geboten und festen Bieterschritten (Ausubel/Milgrom, 2006). Durch Nutzung einer Zweitpreisauktion soll sichergestellt werden, dass die Teilnehmer Höchstgebote in Höhe Ihres Reservationspreises abgeben. Dies ist der Preis, welcher der maximalen Zahlungsbereitschaft entspricht (Bajari/Hortacsu, 2003). Zur Garantierung effizienter Auktionsergebnisse liegt folgende Auszahlungsfunktion zu Grunde.

$$AuszuzahlenderBetrag = \left[Höchstgebot - \left(\frac{(Höchstgebot - tatsächlichesErgebnis)^4}{tatsächlichesErgtebnis} \right) \right]$$

Das Höchstgebot ist das Gebot für das der Teilnehmer den Zuschlag erhalten hat, nicht der Betrag, den er gezahlt hat. Das tatsächliche Ergebnis entspricht dem offiziellen Endergebnis der Landtagswahl. Hierbei wird 1 Prozentpunkt in 10 Eurocent umgerechnet (Nyarko/Schotter, 2002). Sollte sich aus der Berechnung ein negativer Betrag ergeben, so erhalten die Teilnehmer eine Auszahlung in Höhe von 0,00 Euro.

Diese Funktion bestraft große Abweichungen in höherem Umfang, als eine quadratische Auszahlungsfunktion. Kleinere Abweichungen werden jedoch nicht so sehr bestraft wie bei quadratischen Auszahlungsfunktionen. Der zentrale Grund für die Wahl der oben stehenden Auszahlungsfunktion ist die Tatsache, dass es das Ziel des Experiments ist eine genaue Wahlprognose zu liefern. In diesem Kontext sollten die Teilnehmer für kleine Abweichungen eine Entlohnung bekommen und für große Abweichungen nicht. Das Budget wird zur Verfügung gestellt, damit die Bietbereitschaft angeregt wird und somit vermieden wird, dass die Auktion aufgrund mangelnder Beteiligung der Teilnehmer nicht durchgeführt werden kann. Durch die Begrenzung des minimalen Auszahlungsbetrages auf 0 Euro soll auch hier sichergestellt werden, dass alle Probanten an der Auktion teilnehmen können und nicht durch eventuell drohende Verluste abgeschreckt werden (Kahneman/Tversky, 1979).

Aufgrund der Budgetbereitstellung tritt jedoch ein Anreizproblem auf. Die Teilnehmer welche im Verlauf des Experiments noch keine Aktien besitzen, werden wahrscheinlich über Ihre Zahlungsbereitschaft hinaus bieten, um noch eine mögliche Auszahlung zu erhalten. Somit kommt es zum Fall des winner´s curse, d.h. der Teilnehmer ersteigert zwar die Aktie, aber der Nutzen sinkt immer weiter, je mehr das Höchstgebot vom tatsächlichen Ergebnis entfernt liegt

(Bajari/Hortacsu, 2003). Dieses Verhalten wird ein Teilnehmer dann einstellen, wenn er der Ansicht ist, dass seine Auszahlung ohnehin null Euro beträgt, wenn er weiter bietet. Diese Vorgehensweise wird allerdings auch in der Auszahlungsfunktion berücksichtigt, da zum einen das Höchstgebot mit der Schätzung der Teilnehmer übereinstimmen sollte und zum anderen Aufgrund des Bieterverhaltens die Gesamtsumme für alle Parteien nach der Umrechnung 100 % übersteigen wird. Für die Wahlprognose werden die Gebote jedoch normiert, so dass wiederum verwendbare Ergebnisse entstehen. Die Ergebnisse, welche in die Auszahlungsfunktion eingearbeitet werden bleiben allerdings unnormiert. Zusammenfassend entstehen durch die Anreizstruktur während der Auktion zunächst sehr hohe Gebote, da für die Auszahlung der Teilnehmer aber das individuelle Gebot entscheidend ist und für die Wahlprognose normierte Ergebnisse verwendet werden, bleibt die Prognosefähigkeit des Auktionsmodells unter abstrichen in der Anreizkompatibilität erhalten.

4. Datenerhebung und Auswertung

Im Folgenden wird näher auf die Ergebnisse des durchgeführten Experimentes und die bereits formulierten Hypothesen eingegangen. Dazu werden die im Experiment erhobenen Daten mittels statistischer Methoden näher betrachtet.

Unter den Teilnehmern des Experiments befinden sich 13 männlich und 5 weiblich. Davon sind 14 Personen aus Sachsen-Anhalt, drei Personen aus anderen Bundesländern und eine Person aus der Ukraine. Das Alter der Teilnehmer liegt zwischen 20 und 30 Jahren. Über 77 % der Probanden geben an, dass sie sich täglich bzw. wöchentlich über das politische Tagesgeschehen informieren. Bei der Frage nach welchem Politikbereich sie sich interessieren ist auffallend, dass über 61 % der Befragten sich für Familien- und Sozialpolitik interessieren. Dies kann insbesondere auf die Altersgruppe zurückzuführen sein (Auswertung im Anhang C).

Zunächst wird die Frage untersucht, ob ein höheres Politikwissen einen Einfluss auf eine genauere Schätzung des tatsächlichen Wahlergebnisses hat. Um das Politikwissen der Teilnehmer zu ermitteln, wird der bereits oben erwähnte Fragebogen verwendet. Die Bewertung der Fragen erfolgte mittels eines Scoring Modells. Dabei werden für „leichte“ Fragen zwei Punkte vergeben und für „schwere“ Fragen vier Punkte. Bei falscher Beantwortung der Frage werden keine Punkte verteilt. Jedoch werden nicht alle Fragen des Fragebogens bewertet, da einige lediglich allgemeine Interessenbereiche abfragen. Dazu zählen die Fragen 1, 2, 7, 12 und 13. In der zehnten Frage wird nach dem Wahlausgang der Landtagswahl 2006 in Sachsen-Anhalt gefragt. Dabei erfolgt eine Punktevergabe in Intervallen. Zu beachten ist, dass es sich bei den folgenden Prozentangaben um relative Abweichungen vom tatsächlichen Wahlergebnis handelt. Wenn die Angabe des Teilnehmers innerhalb eines Intervalls von 10 % um das tatsächliche Ergebnis der jeweiligen Partei liegt, werden vier Punkte vergeben. Liegt die Angabe des Teilnehmers in einem Intervall von 20 % um das tatsächliche Ergebnis der jeweiligen Partei, werden zwei Punkte vergeben. Ist die Abweichung größer, werden keine Punkte vergeben (Bewertung für jeden Teilnehmer ist dem Anhang E zu entnehmen).

Die entstehenden Teilscores (Punkte pro Frage) werden aufsummiert, sodass für jeden Teilnehmer ein Scoringwert ermittelt werden kann. Mit diesem Wert und der Summe der quadrierten Abweichung, die aus der abgegebenen Schätzung und dem tatsächlichen Wahlergebnis für jeden Teilnehmer ermittelt wird, kann ein Korrelationskoeffizient von -0,6119 ermittelt werden (siehe Anhang E). Durch diese hohe Korrelation wird deutlich, dass ein stark negativ linearer Zusammenhang zwischen dem Politikwissen und der Schätzung des tatsächlichen Wahlergebnisses besteht. Je höher der Scoringwert des Teilnehmers, desto geringer ist die Summe der quadrierten Abweichung, vice versa.

Um zu überprüfen ob der Korrelationskoeffizient Signifikanz aufweist, wird ein Hypothesentest durchgeführt. Die Nullhypothese dabei lautet: Der Korrelationskoeffizient ist kleiner Null. Die Alternativhypothese lautet: Der Korrelationskoeffizient ist nicht kleiner Null. Bei einem Signifikanzniveau von 5 % kann die Nullhypothese nicht abgelehnt werden. Somit ist gezeigt, dass eine negative Korrelation zwischen dem Politikwissen und der Summe der quadrierten Abweichung vom tatsächlichen Wahlergebnis besteht. Folglich führt ein höheres Politikwissen auch zu einer besseren Schätzung des Wahlergebnisses.

Eine weitere Fragestellung die mit dem durchgeführten Experiment beantwortet werden soll, ist ob über die Auktion das tatsächliche Wahlergebnis prognostiziert werden kann. Die gewählte Auktionsform ist eine Vickrey Auktion (Ausubel/Milgrom, 2006). Diese wird zum einen mit den tatsächlichen Ergebnissen der unter 30-jährigen Wähler verglichen und zum anderen mit dem tatsächlichen Wahlausgang. Die Wahlergebnisse der unter 30-jährigen werden betrachtet, da das Alter der Teilnehmer des Experiments zwischen zwanzig und dreißig Jahren liegt. Die tatsächlichen Ergebnisse der unter 30-jährigen können der Tabelle 1 entnommen werden (siehe Anhang G).

Tabelle 1: Wahlergebnisse der unter 30-jährigen

	CDU	FDP	SPD	Bündnis90/ Die Grünen	Die Linke	Sonstige
Ergebnis	28 %	5 %	16 %	13 %	16 %	22 %

Quelle: ZDF

Um die Wahlprognosen für die Auktion zu ermitteln, werden zunächst beide Auktionsrunden auf 100 % normiert, da die Summe der versteigerten Parteien 100 % übersteigt. Dies gilt für beide Durchgänge. Im Anschluss erfolgt die Mittelwertbildung beider Durchgänge (Ergebnisse beider Auktionsrunden im Anhang D). Diese repräsentieren die prognostizierten Wahlergebnisse der Auktion. Die Ergebnisse der Auktion sind der Tabelle 2 zu entnehmen.

Tabelle 2: prognostizierte Ergebnisse der Auktion

	CDU	FDP	SPD	Bündnis90/ Die Grünen	Die Linke	Sonstige
Ergebnis	21,23 %	12,18 %	23,22 %	14,46 %	16,11 %	12,80 %

Die Summe der quadrierten Abweichungen zwischen der Auktion und dem Ergebnis der unter 30-jährigen beträgt 0,0236. Mittels des Wilcoxon-Test wird überprüft ob das Ergebnis der unter 30-järigen und das Ergebnis der Auktion zu derselben Grundgesamtheit gehören. Die Nullhypothese lautet: Über die Auktion lässt sich das Wahlergebnis der unter 30-jährigen prognostizieren. Die Alternativhypothese lautet: Über die Auktion lässt sich das Wahlergebnis der unter 30-jährigen nicht prognostizieren. Die Nullhypothese kann bei einem Signifikanzniveau von 5 % nicht abgelehnt werden. Somit besteht ein Zusammenhang zwischen dem Wahlergebnis der unter 30-jährigen und der Prognose durch die Auktion.

Eine weitere Untersuchung erfolgt zwischen dem tatsächlichen Wahlergebnis der gesamten Wähler und der Prognose der Auktion. Die tatsächlichen Wahlergebnisse können Tabelle 3 entnommen werden (siehe Anhang G).

Tabelle 3: tatsächliche Wahlergebnisse

	CDU	FDP	SPD	Bündnis90/ Die Grünen	Die Linke	Sonstige
Ergebnis	32,50 %	3,80 %	21,50 %	7,10 %	23,70 %	11,40 %

Die Summe der quadrierten Abweichung zwischen dem tatsächlichen Wahlergebnis und der Prognose durch die Auktion beträgt 0,0314 (siehe Anhang D). Durch die Verwendung des Wilcoxon-Test wird auch hier überprüft, ob das tatsächliche Wahlergebnis und das Ergebnis der Auktion zu derselben Grundgesamtheit gehören. Die Nullhypothese lautet: Über die Auktion lässt sich das tatsächliche Wahlergebnis prognostizieren. Die Alternativhypothese lautet: Über die Auktion lässt sich das tatsächliche Wahlergebnis nicht prognostizieren. Bei einem Signifikanzniveau von 5 % wird die Nullhypothese nicht abgelehnt.

Wie eben gezeigt, eignet sich eine Auktion bei der Prognose von Wahlergebnissen, aber lediglich eingeschränkt. Eine exakte Prognose kann damit nicht erzielt werden (Brier, 1950). Bei den unter 30-jährigen, die auch die Teilnehmer repräsentieren, können allerdings nähere Wahlergebnisse beobachtet werden. Bei der Partei Die Linke wurde das Wahlergebnis der unter 30-jährigen fast genau geschätzt. Bei anderen Parteien gab es jedoch größere Abweichungen,

Weiterhin wird die Frage untersucht, ob sich durch die Schätzung der Teilnehmer das Wahlergebnis der unter 30-jährigen prognostizieren lässt. Dazu wurde aus den abgegebenen Schätzungen aller Teilnehmer ein Mittelwert gebildet. Dieser repräsentiert den prognostizierten Wahlausgang. Die prognostizierten Wahlergebnisse der Schätzung können der Tabelle 4 entnommen werden.

Tabelle 4: prognostizierte Ergebnisse der Schätzung

	CDU	FDP	SPD	Bündnis90/ Die Grünen	Die Linke	Sonstige
Ergebnis	29,28 %	9,17 %	30,22 %	11,39 %	14,44 %	5,44 %

Die Summe der quadrierten Abweichung zwischen der Schätzung und dem tatsächlichen Wahlausgang bei den unter 30-jährigen beträgt 0,05. Wie man erkennen kann, ist diese

Abweichung deutlich größer als die Summe der quadrierten Abweichung zwischen den prognostizierten Ergebnissen der Auktion und dem Wahlergebnis der unter 30-jährigen. Auch bei dieser Fragestellung wird der Wilcoxon-Test verwendet. Die Nullhypothese lautet: Durch die Schätzung lässt sich das Wahlergebnis der unter 30-jährigen prognostizieren. Die Alternativhypothese lautet: Durch die Schätzung lässt sich das Wahlergebnis der unter 30-jährigen nicht prognostizieren. Bei einem Signifikanzniveau von 5 % wird die Nullhypothese abgelehnt. Wie schon bei der Summe der quadrierten Abweichung beobachtet sind die prognostizierten Ergebnisse der Schätzung weniger genau, als die Ergebnisse der Auktion. Somit ist die Verwendung einer Schätzung für die genaue Wahlprognose des Wahlausgangs, nicht zu verwenden.

In dem Experiment werden ebenfalls die individuellen Präferenzen der einzelnen Teilnehmer abgefragt. Dort können die Teilnehmer ihre persönlichen Wünsche für den Wahlausgang abgeben. Die Frage, die dazu untersucht wird, ist ob die persönlichen Präferenzen auch das Verhalten in der Auktion beeinflussen bzw. ob die Teilnehmer in der Auktion nach ihren Präferenzen handeln. Dazu werden die abgegebenen Präferenzen mit den Höchstgeboten, für jede Partei, bei der Auktion betrachtet. Wenn die Teilnehmer nach ihren Präferenzen handeln, dann sollten sie maximal bis zu Ihrer Präferenz in der Auktion mit bieten. (Die abgegebenen Präferenzen können dem Anhang F entnommen werden.) Für diese Betrachtung werden beide Durchgänge zusammen untersucht. In Tabelle 5 sind die Korrelationen, die sich für jede Partei ergeben zusammengefasst.

Tabelle 5: Korrelationen der Präferenz und dem Auktionsverhalten

	CDU	SPD	FDP	Bündnis90/ Die Grünen	Die Linke	Sonstige
Ergebnis	0,211	0,485	0,017	0,134	-0,253	0,046

Für den Großteil der Parteien besteht keine Korrelation zwischen der individuellen Präferenz und dem Auktionsverhalten. Diese liegen meist nahe bei null. Bei der SPD ist der Zusammenhang zwischen der Präferenz des Teilnehmers und dem Auktionsverhalten stark. Die Partei Die Linke ist die einzige, bei deren Korrelationskoeffizient ein negatives Vorzeichen vorliegt. Wie anhand der angegebenen Daten der einzelnen Teilnehmer beobachtet werden kann, sind die abgegebenen Präferenzen bei 14 Teilnehmern geringer, als in der Auktion dafür geboten wird. Dies deutet darauf hin, dass die individuelle Präferenz geringer ist, als die Erwartung wie viel Prozent die Partei bei der Wahl tatsächlich erhält.

Im Weiteren wird untersucht, ob die zuerst abgegebene Schätzung und die später stattfindende Auktion einen Zusammenhang aufweisen. Hierzu wird eine Korrelation, die der Tabelle 6 zu entnehmen ist, ermittelt. Dabei sollten die Schätzung und das Auktionsverhalten der Teilnehmer miteinander Korrelieren, da die Schätzung die Erwartung der Teilnehmer für den Wahlausgang widerspiegelt.

Tabelle 6: Korrelationen der Schätzung und dem Auktionsverhalten

	CDU	SPD	FDP	Bündnis90/ Die Grünen	Die Linke	Sonstige
Ergebnis	0,229	0,425	-0,219	0,501	0,137	0,362

Wie erkennbar ist, sind die Korrelationskoeffizienten betragsmäßig größer als bei dem Vergleich zwischen den individuellen Präferenzen und dem Auktionsverhalten. Trotzdem kann bei der CDU, FDP und der Linken kein starker linearer Zusammenhang festgestellt werden. Lediglich bei der SPD, den Grünen und auch den Sonstigen kann von einem starken bzw. stärkeren (Sonstige) positiven Zusammenhang gesprochen werden. Markant ist, dass bei der Korrelation der FDP ein negatives Vorzeichen auftritt. Zehn Personen boten in der Auktion für die FDP mehr, als sie bei der Schätzung angegeben haben. Allerdings boten vier Teilnehmer in der Auktion genauso viel für die FDP, wie sie bei der Schätzung angegeben haben. Dies war deutlich mehr als bei allen anderen Parteien.

Bei einer Betrachtung der Auktionsgebote mit den Angaben der individuellen Präferenzen wird deutlich, dass bei genau 50% der Höchstgebote die Teilnehmer über ihren eigenen Präferenzen liegen. Bei vergleichender Betrachtung der abgegebenen Gebote in der Auktion und den angegebenen Schätzungen wird die eigene Schätzung bei 48,33 % der Höchstgebote, überboten. Dies deutet stark darauf hin, dass die Auktion dazu verleitet ein höheres Gebot abzugeben, als die eigene Wertschätzung für die Partei beinhaltet. Weiterhin ist allerdings zu beachten, dass lediglich Daten von 18 Teilnehmern verfügbar sind und dies zu einer eingeschränkten Gültigkeit führen kann.

5. Schlussbetrachtungen

Bei der Entwicklung eines wissenschaftlichen Prognosemodells ist die Anwendbarkeit von zentraler Bedeutung. Oberstes Ziel des Experiments ist eine möglichst genaue Wahlprognose durch Beteiligung einer geringen Teilnehmerzahl, welches kostengünstig in der Zukunft angewendet werden kann. Aufgrund dieser Kernanliegen kommen Prognosemodelle wie die Wahlbörse oder die „Zauberformel“ nicht zum Einsatz. Stattdessen ist für die Wahlprognose der Landtagswahl in Sachsen-Anhalt ein Experiment bestehend aus Fragebogen, Schätzung, Präferenzabgabe und Auktion entwickelt wurden.

Durch den experimentellen Aufbau können verschiedenste Rückschlüsse gezogen werden. Zum einen bestätigt sich, dass Teilnehmer mit höherem Politikwissen eine genauere Schätzung abgeben und zum anderen ist festzustellen, dass die Auktion näher am tatsächlichen Wahlergebnis liegt als die Schätzung. Hierzu wurden die Ergebnisse der Schätzung und der Auktion einmal mit dem tatsächlichen Wahlausgang verglichen und einmal mit dem Wahlausgang der unter dreißigjährigen. Die Qualität der Prognose konnte durch das Wahlergebnis der unter dreißigjährigen gesteigert werden.

Des Weiteren ist festzustellen, dass weder die Präferenzen noch die Schätzungen wesentlich das Verhalten in der Auktion beeinflussen. Dies liegt unter anderem an der Budgetbereitstellung, da die Teilnehmer durch den zur Verfügung gestellten Betrag angeregt werden über ihre Zahlungsbereitschaft hinaus zu bieten. Dies ergibt sich daraus, da das gestellte Budget verfällt, wenn keine Aktie ersteigert wurde. Dieses Anreizproblem führt allerdings nicht zu abstrichen in der Prognosefähigkeit.

Abschließend ist zu sagen, dass wissenschaftliche Prognoseansätze in Deutschland weiterentwickelt und erforscht werden müssen. Das in dieser Arbeit beschriebene Experiment dient zur Entwicklung eines neuen Prognoseverfahrens. Für weitere Anwendungen sollte jedoch die Stichprobe erweitert werden, da die Teilnehmerzahl von 18 Personen zu einer eingeschränkten Gültigkeit führen kann.

Literaturverzeichnis

Ausubel, L.; Milgrom, P.; (2006): The Lovely but Lonely Vickrey Auction.

Bajari, P.; Hortacsu, A. (2003): The winner´s curse, reserve prices, and endogenous entry: empirical insights from eBay auctions, *RAND Journal of Economics*, Vol. 34, No. 2, Summer 2003.

Brier, G. (1950): Verification of forecast expressed in terms of probability, *Monthly Weather Review*, Vol.78, No.2, January 1950.

Brüggelambert, G. (1999): Institutionen als Informationsträger: Erfahrungen mit Wahlbörsen, Band 8, Marburg: Metropolis-Verlag.

Flath, H. (2006): Hypothesen über Einflüsse von veröffentlichten Wahlumfragen auf das Wahlverhalten, 1. Aufl., Norderstedt: GRIN Verlag.

Groß, J. (2010): Die Prognose von Wahlergebnissen: Ansätze und empirische Leistungsfähigkeit, 1. Aufl., Wiesbaden: Springer Fachmedien.

Kahneman, D.; Tversky, A. (1979): Prospect Theory: An Analysis Of Decision Under Risk, *Econometrica*, Vol. 47, No. 2, March 1979.

Norpoth, H.; Gschwend, T. (2004): Mit Rot-Grün ins Schwarze getroffen: Prognosemodell besteht Feuertaufe, Universität Mannheim.

Nyarko, Y.; Schotter, A. (2002): An Experimental Study of Belief Learning Using Elicited Beliefs, *Econometrica*, Vol. 70, No. 3, May 2002.

Sonnemans, J.; Offerman, T. (2001): Is the Quadratic Scoring Rule really incentive compatible?, University of Amsterdam.

Anhang A

Fragebogen

Fragebogen

Bitte tragen Sie hier Ihre Platznummer ein: ______

Lesen Sie sich die folgenden Fragen bitte sorgfältig durch und beantworten Sie diese vollständig. Wenn Fragen unklar sein sollten, dann geben Sie uns bitte ein Zeichen.

Vielen Dank!

1. Ich informiere mich über das aktuelle politische Geschehen. (Bitte kreuzen Sie an)

täglich	wöchentlich	monatlich	gar nicht

2. Ich interessiere mich für die folgenden Themengebieten: (Bitte kreuzen Sie an)

Themengebiete	Trifft zu	Trifft eher zu	Unentschieden	Trifft eher nicht zu	Trifft nicht zu
Hochschulpolitik					
Wirtschafts- und Finanzpolitik					
Familien- und Sozialpolitik					

Außerdem interessiere ich mich für: (Hier können Sie weitere politische Interessenbereiche eintragen)

___

___

___

3. Welche Partei stellt den Ministerpräsidenten/Ministerpräsidentin Sachsen-Anhalts und ist zugleich größte Fraktion im Landtag? (Bitte tragen den Namen/ die Abkürzung der Partei in das Kästchen ein)

4. Was bedeuten die folgenden Abkürzungen der Parteien? (Bitte schreiben Sie den vollständigen Namen der Parteien aus)

CDU: ______________________________

SPD: ______________________________

FDP: ______________________________

5. Wie viel Prozent benötigt eine Partei, um in den Landtag in Sachsen-Anhalt einzuziehen? (Tragen Sie bitte die Prozentzahl in das folgende Kästchen ein)

6. Wer ist der aktuelle Finanzminister Sachsen-Anhalts? (Bitte kreuzen Sie an)

Wolff	**Bullerjahn**	**Haseloff**	**Paqué**	**Schäuble**

7. Sind Sie in Sachsen-Anhalt wahlberechtigt? (Bitte kreuzen Sie an)

Ja: ☐ Nein: ☐

Wenn ja, beabsichtigen Sie bei der Landtagswahl zu wählen? (Bitte kreuzen Sie an)		**Wenn nein, in welchem Bundesland sind Sie wahlberechtigt? (Bitte tragen Sie den Namen in das Feld ein)**
Ja ☐	Nein ☐	

8. Nennen Sie den derzeitigen Ministerpräsidenten/Ministerpräsidentin des Landes Sachsen-Anhalt. (Bitte tragen Sie nur den Nachnamen in das Kästchen ein)

9. Nennen Sie einen Spitzenkandidat/Kandidatin zur Landtagswahl 2011 in Sachsen-Anhalt? (Bitte tragen Sie nur den Nachnamen in das Kästchen ein)

10. Bitte geben Sie näherungsweise das Ergebnis der letzten Landtagswahl 2006 in Sachsen-Anhalt an. (Bitte tragen Sie die Prozente in die Kästchen ein)

CDU	
SPD	
FDP	
Die Linke	
Bündnis90/Die Grünen	
Sonstige	

11. Der wievielte Landtag wird in Sachsen-Anhalt gewählt? (Bitte kreuzen Sie an)

1 bis 2	**3 bis 4**	**5 bis 6**	**7 bis 8**

12. Haben Sie schon Börsenerfahrung? (Bitte kreuzen Sie an)

Ja	
Nein	

13. Haben Sie schon einmal an einer Auktion (z. B. Ebay) teilgenommen?

Ja	
Nein	

Persönliche Fragen:

Geschlecht:
(Bitte kreuzen Sie an)

männlich	
weiblich	

Alter: ______

Studiengang/berufliche Tätigkeit: ____

Vielen Dank für das ausfüllen des Fragebogens. Bitte warten Sie auf weitere Anweisungen.

Anhang B

Experimentalanleitung

Sehr geehrte Teilnehmerin,
Sehr geehrter Teilnehmer,

das folgende Experiment teilt sich in vier Bereiche auf. Im ersten Teil bekommen Sie einen Fragebogen zum Thema Landespolitik in Sachsen-Anhalt. Im zweiten Teil sollen Sie zum einen Ihre persönlichen Präferenzen für den Ausgang der Landtagswahl angeben und zum anderen sollen Sie eine möglichst exakte Schätzung des tatsächlichen Wahlausgangs angeben. Im dritten Teil wird eine Wahlbörse durchgeführt. Im vierten Teil werden wir eine Auktion durchführen und Parteien versteigern. Für die Angabe Ihrer persönlichen Präferenzen und für das Ausfüllen des Fragebogens erhalten Sie einen Basisbetrag in Höhe von zwei Euro.

Zu jedem Teil des Experiments erhalten Sie noch einen gesonderten Fragebogen, bzw. einen Entscheidungsbogen. Der jeweils nächste Teil des Experiments wird erst beginnen, wenn alle Teilnehmer den aktuellen Teil beendet haben.

Ihre Auszahlung in diesem Experiment hängt ggf. auch vom Ausgang der Landtagswahl am 20.03.2011 ab. Es kann daher sein, dass Ihre endgültige Auszahlung erst nach dem Wahltag bestimmt und auch ausgezahlt wird. Die Auszahlung der jeweiligen Experimentteile ist in der Anleitung zu den Teilexperimenten noch ausführlich erläutert.
Bitte lesen Sie sich alle Unterlagen durch, bevor Sie mit Ihrer Beantwortung bzw. Entscheidungsfindung beginnen. Sollten Sie Fragen haben, so stellen Sie diese bitte, bevor Sie mit der Beantwortung bzw. Entscheidungsfindung beginnen.

Teil 1:
Im ersten Teil bitten wir Sie einen Fragebogen auszufüllen. Bitte beantworten Sie den Fragebogen wahrheitsgemäß. Die Auszahlung in diesem Teil erhalten Sie für das Ausfüllen des Fragebogens. Die Anzahl richtiger bzw. falscher Antworten beeinflusst <u>nicht</u> Ihre Auszahlung.

Teil 2a:

In diesem Teil fragen wir Sie, welche Zusammensetzung des Landtags von Sachsen-Anhalt aus Ihrer Sicht wünschenswert/ optimal wäre. Hierfür tragen Sie bitte im Teil der Präferenzangabe Ihre ganz persönliche (Wunsch-)Vorstellung der für Sie optimalen Zusammensetzung des Landtages ein.

Sie können dabei 100 Stimmen auf sechs Parteien verteilten. Diese sechs Parteien sind CDU, SPD, FDP, Bündnis90/Die Grünen, Die Linke und Sonstige. Die Sonstigen sind alle Parteien, die weiterhin zur Landtagswahl antreten, aber nicht bei den genannten enthalten sind. Die Verteilung Ihrer Stimmen ist dabei Ihnen überlassen. Sie können die Stimmen auf eine Partei verteilen oder auf mehrere bzw. alle. Wichtig ist dabei, dass Sie beachten, dass die Summe 100 Stimmen nicht übersteigt.

Teil 2b:

In diesem Teil fragen wir Sie, was Sie glauben, wie das tatsächliche Wahlergebnis aussehen wird. (Also wie viel Prozent die jeweiligen Parteien tatsächlich bekommen werden.) Verteilen Sie hierfür bitte 100 Prozent so, wie Ihrer Meinung nach die Wahl tatsächlich ausgehen wird.

Ihre Auszahlung für den Teil 2b berechnet sich wie folgt:

$$AuszuzahlenderBetrag = Fixbetrag - \sum (tatsächlichesErgebnis - geschätztesErgebnis)^2$$

Für die Schätzung des Wahlergebnisses wird ein Fixbetrag von zwei Euro ausgezahlt. Davon wird die Summe der quadrierten Abweichungen zwischen dem tatsächlichen Ergebnis und Ihrem geschätzten Ergebnis abgezogen. Hierfür wird der Betrag der Summe in Eurocent vom Fixbetrag abgezogen. Sollte diese Differenz negativ werden, erhalten Sie eine Auszahlung in Höhe von 0 Euro.

Zwei Beispiele zur Berechnung der Auszahlung:

Beispiel 1 mit drei Parteien

Tatsächliches Ergebnis	Partei X 10 %; Partei Y 50 %; Partei Z 40%
Geschätztes Ergebnis	Partei X 12 %; Partei Y 47 %; Partei Z 41%
Quadrierte Abweichung	$2^2 = 4$ Cent ; $-3^2 = 9$ Cent; $1^2 = 1$ Cent
Auszahlung	2 Euro - (0,04 + 0,09 + 0,01) = 1,86 Euro

Beispiel 2 mit drei Parteien

Tatsächliches Ergebnis	Partei X 10 % ; Partei Y 50% ; Partei Z 40%
Geschätztes Ergebnis	Partei X 30 % ; Partei Y 20% ; Partei Z 50%
Quadrierte Abweichung	20^2 = 400 Cent; - 30^2 = 900 Cent; 10^2 = 100 Cent
Auszahlung	2 Euro - (4 + 9 + 1) = 0

Teil 3:

Im dritten Teil wird eine Auktion durchgeführt. Hierbei werden Lose für die oben genannten Parteien versteigert (inklusive der Sonstigen).

Ein Auktionator wird die Parteien nacheinander zur Versteigerung aufrufen. Die Reihenfolge der Parteien ist dabei zufällig gewählt.

Alle Auktionen beginnen bei einem Startwert von 0,00 Euro. Das Mindestgebot (zugleich also der kleinste Bietschritt) beträgt 0,10 Euro. Nachdem der Auktionator eine Partei aufgerufen hat, kann jeder Teilnehmer solange Gebote abgeben, bis die Partei versteigert ist. Wird ein Gebot von mehreren Teilnehmern genannt, so wird es dem Teilnehmer zugeordnet, der es als erstes angesagt hat. Achten Sie bitte darauf, dass ein neues Höchstgebot über dem alten liegen muss.

Den Zuschlag erhält der Bieter, der das höchste Gebot abgegeben hat. Dieser bezahlt jedoch nur den Wert des zweithöchsten Gebots.

Insgesamt kommt es also zu sechs Auktionsrunden, eine für jede der genannten Parteien.

Sie erhalten für die Auktion ein Budget von fünf Euro. Mit diesem Budget können Sie in dieser Auktion bieten. Sollten Sie kein Los ersteigern, so verfällt der Betrag. Sollten Sie ein Los ersteigern, so wird der Restbetrag nicht ausgezahlt. Es ist auch möglich mehr als die fünf Euro zu bieten. Den überschüssigen Betrag müssten Sie allerdings selbst bezahlen.

Ihre Auszahlung ermittelt sich wie folgt, wenn Sie eine Partei /ein Los ersteigern:

Wenn Sie ein Los (oder mehrere) ersteigert haben, so können Sie dies nach der Wahl wieder verkaufen. Dabei ergibt sich der Betrag, den Sie für ein Los erhalten aus der folgenden Formel:

$$AuszuzahlenderBetrag = \left[Höchstgebot - \left(\frac{(Höchstgebot - tatsächlichesErgebnis)^4}{tatsächlichesErgtebnis} \right) \right]$$

Beachten Sie bitte:

Das Höchstgebot ist das Gebot für das Sie den Zuschlag erhalten haben, nicht der Betrag, den Sie gezahlt haben.

Das tatsächliche Ergebnis entspricht dem offiziellen Endergebnis der Landtagswahl. Hierbei entspricht 1 Prozentpunkt einem Wert von 0,10 Euro. Sollte sich aus der Berechnung ein negativer Betrag ergeben, so erhalten Sie eine Auszahlung in Höhe von 0,00 Euro.

Zwei Beispiele zur Berechnung einer möglichen Auszahlung:

Beispiel 1

Sie bieten für die Partei X, 4 Euro. Dieses ist zugleich das höchste Gebot. Darauf hin erhalten Sie den Zuschlag. Das zweithöchste Gebot liegt bei 1,50 Euro. Dann zahlen Sie lediglich 1,50 Euro für das zweithöchste Gebot. (Somit können Sie noch 3,50 Euro für andere Parteien bieten)

Das tatsächliche Ergebnis für Partei X beträgt 39 % (3,90 Euro).

$$AuszuzahlenderBetrag = \left[4Euro - \left(\frac{(4Euro - 3{,}90Euro)^4}{3{,}90Euro} \right) \right] = 3{,}99Euro$$

Beispiel 2

Sie bieten für die Partei X 4 Euro. Dieses ist zugleich das höchste Gebot. Darauf hin erhalten Sie den Zuschlag. Das zweithöchste Gebot liegt bei 1,50 Euro. Dann zahlen Sie lediglich 1,50 Euro für das zweit höchste Gebot.(Somit können Sie noch 3,50 Euro für andere Parteien bieten)

Das tatsächliche Ergebnis für Partei X beträgt 10% (1 Euro).

$$AuszuzahlenderBetrag = \left[4Euro - \left(\frac{(4Euro - 1Euro)^4}{1Euro} \right) \right] = 0Euro$$

Ihre Auszahlung für den Teil 2b, die Auktion und die Wahlbörse erhalten Sie erst nach dem 20.03.2011, wenn das tatsächliche Wahlergebnis feststeht. Sie werden hierzu von uns per E-Mail benachrichtigt.

Anhang C

Ergebnisse des Fragebogens

1. Frage

	absolute Häufigkeit	relative Häufigkeit
täglich	8	44,44%
wöchentlich	6	33,33%
monatlich	2	11,11%
gar nicht	2	11,11%

2. Frage

Hochschulpolitik	absolute Häufigkeit	relative Häufigkeit
trifft zu	5	27,78%
trifft eher zu	6	33,33%
unentschieden	5	27,78%
trifft eher nicht zu	2	11,11%
trifft nicht zu	0	0,00%

Familienpolitik	absolute Häufigkeit	relative Häufigkeit
trifft zu	2	11,11%
trifft eher zu	11	61,11%
unentschieden	4	22,22%
trifft eher nicht zu	1	5,56%
trifft nicht zu	0	0,00%

Wirtschaft- und Finanzpolitik	absolute Häufigkeit	relative Häufigkeit
trifft zu	4	22,22%
trifft eher zu	6	33,33%
unentschieden	6	33,33%
trifft eher nicht zu	2	11,11%
trifft nicht zu	0	0,00%

sonstige Interessen	absolute Häufigkeit	relative Häufigkeit
Außenpolitik	4	22,22%
Bildungspolitik	1	5,56%
Verteidigungspolitik	1	5,56%
Umweltpolitik	2	11,11%
Globalisierung	1	5,56%
Infrastruktur	1	5,56%
keine weiteren Interessen	8	44,44%

3. Frage

	absolute Häufigkeit	relative Häufigkeit
CDU	10	55,56%
SPD	7	38,89%
keine Angabe	1	5,56%

4. Frage

CDU	absolute Häufigkeit	relative Häufigkeit
richtig	17	94,44%
`falsch	1	5,56%

SPD	absolute Häufigkeit	relative Häufigkeit
richtig	10	55,56%
`falsch	7	38,89%

FDP	absolute Häufigkeit	relative Häufigkeit
richtig	14	77,78%
`falsch	4	22,22%

5. Frage

	absolute Häufigkeit	relative Häufigkeit
richtig	15	83,33%
`falsch	3	16,67%

6. Frage

	absolute Häufigkeit	relative Häufigkeit
Bullerjahn	14	77,78%
Wolff	1	5,56%
Paqué	1	5,56%
Schäuble	1	5,56%
Haseloff	1	5,56%

7. Frage

Wahlberechtigung	absolute Häufigkeit	relative Häufigkeit
Ja	14	77,78%
Nein	4	22,22%

Wahlabsicht	absolute Häufigkeit	relative Häufigkeit
Ja	12	85,71%
Nein	2	14,29%

Herkunft	absolute Häufigkeit	relative Häufigkeit
Sachsen-Anhalt	14	77,78%
Hessen	1	5,56%
Thüringen	1	5,56%
Bayern	1	5,56%
Ukraine	1	5,56%

8. Frage

	absolute Häufigkeit	relative Häufigkeit
richtig	10	55,56%
`falsch	3	16,67%
keine Angabe	5	27,78%

9. Frage

	absolute Häufigkeit	relative Häufigkeit
Haselhoff (CDU)	5	27,78%
Bullerjahn (SPD)	4	22,22%
Gallert (Linke)	0	0,00%
Wolpert (FDP)	0	0,00%
Dalbert (Grüne)	0	0,00%
falsch	2	11,11%
keine Antwort	7	38,89%

10. Frage

	Mittelwert der letzten Landtagswahl
CDU	29,21%
SPD	28,79%
FDP	10,35%
Die Linke	14,65%
Die Grüne	10,32%
Sonstige	6,56%

11. Frage

	absolute Häufigkeit	relative Häufigkeit
1 bis 2	0	0,00%
3 bis 4	3	16,67%
5 bis 6	14	77,78%
7 bis 8	0	0,00%
keine Antwort	1	5,56%

12. Frage

	absolute Häufigkeit	relative Häufigkeit
ja	3	16,67%
nein	15	83,33%

13. Frage

	absolute Häufigkeit	relative Häufigkeit
ja	17	94,44%
nein	1	5,56%

persönliche Fragen

Geschlecht	absolute Häufigkeit	relative Häufigkeit
männlich	13	72,22%
weiblich	5	27,78%

Alter	absolute Häufigkeit	relative Häufigkeit
20	2	11,11%
21	2	11,11%
22	3	16,67%
23	3	16,67%
24	4	22,22%
27	1	5,56%
28	1	5,56%
30	2	11,11%

Studiengang	absolute Häufigkeit	relative Häufigkeit
BWL	3	16,67%
Lehramt	1	5,56%
Management	1	5,56%
WI	3	16,67%
MSPG	1	5,56%
Maschinenbau	2	11,11%
Gefahrenabwehr	1	5,56%
Medizin	1	5,56%
Industriehelfer	1	5,56%
Wirtschaftsmathematik	1	5,56%
MBA/Sportmanagement	1	5,56%
WMB	1	5,56%
Biosystemtechnik	1	5,56%

Anhang D Auktion

Historie der Gebote

Alle grau markierten Felder kennzeichnen die Höchstgebote, für die die jeweilige Partei versteigert wurde.

Durchgang 1

CDU

Bieter	Gebot 1	Gebot 2	Gebot 3	Gebot 4	Gebot 5	Gebot 6	Gebot 7	Gebot 8	Gebot 9	Gebot 10	Gebot 11	Gebot 12
1	0,1	0,2	0,3	0,4	0,5	0,6	0,7	0,8	2	2,1	2,5	3
2												
3	0,1											
4	0,1	0,2	0,3									
5	0.1	0,2			0,5	0,6	0,7	0,8	2	2,1	2,5	
6									2			3
7	0,1		0,3	0,4	0,5	0,6	0,7	0,8	2	2,1		3
8												
9	0,1											

Bieter	Gebot 13	Gebot 14	Gebot 15	Gebot 16	Gebot 17	Gebot 18	Gebot 19
1	3,1	3,3	3,4	3,5	3,6	3,9	4
2				3,5			
3			3,4				
4				3,5	3,6	3,9	
5					3,6		
6				3,5			
7	3,1						
8		3,3	3,4	3,5			
9							

FDP

Bieter	Gebot 1	Gebot 2	Gebot 3	Gebot 4	Gebot 5	Gebot 6	Gebot 7	Gebot 8	Gebot 9	Gebot 10
1	0,1	0,5	0,6	1	1,1					
2				1						
3						1,2				
4										
5	0,1	0,5	0,6	1	1,1	1,2	1,3	1,4		
6		0,5						1,4	1,9	2,2
7				1	1,1	1,2	1,3	1,4	1,9	
8										
9			0,6							

SPD

Bieter	Gebot 1	Gebot 2	Gebot 3	Gebot 4	Gebot 5	Gebot 6	Gebot 7	Gebot 8	Gebot 9
1	0,1	1	1,1						
2							3		
3									
4				1,2	1,8	2,5			
5	0,1	1	1,1	1,2	1,8	2,5	3	3,1	
6		1							
7							3	3,1	4,3
8									
9					1,8				

Die Grünen

Bieter	Gebot 1	Gebot 2	Gebot 3	Gebot 4	Gebot 5	Gebot 6	Gebot 7	Gebot 8	Gebot 9	Gebot 10	Gebot 11
1	0,1	0,5	0,6	0,9	1						
2								2			
3											
4								2	2,1		
5	0,1	0,5	0,6	0,9	1	1,2	1,5			2,3	
6		0,5			1	1,2	1,5	2	2,1	2,3	2,5
7											
8											
9				0,9	1	1,2					

Die Linke

Bieter	Gebot 1	Gebot 2	Gebot 3	Gebot 4	Gebot 5	Gebot 6	Gebot 7	Gebot 8	Gebot 9	Gebot 10	Gebot 11	Gebot 12
1	0,1	0,4	0,5									
2					1,4	1,5	1,7	1,8	2,4			
3											2,7	3,2
4												
5	0,1	0,4	0,5	1,2	1,4	1,5	1,7	1,8	2,4	2,5	2,7	3,2*
6		0,4										
7												
8				1,2	1,4					2,5	2,7	
9							1,7	1,8				

* Entscheidung durch Münzwurf

Sonstige

Bieter	Gebot 1	Gebot 2	Gebot 3	Gebot 4	Gebot 5	Gebot 6	Gebot 7
1	0,1	0,4	0,9				
2				1,2	1,5		
3					1,5	1,8	
4							
5	0,1	0,4	0,9	1,2		1,8*	
6							
7	0,1	0,4					
8							
9		0,4					

* Entscheidung durch Münzwurf

Durchgang 2

CDU

Bieter	0,1	0,2	0,3	0,4	0,5	0,6	0,7	0,8	0,9	1	1,1	1,2
10	x	x	x	x	x	x	x	x	x	x	x	x
11	x	x	x	x	x	x	x	x	x	x	x	x
12	x	x	x	x	x	x	x	x	x	x	x	x
13	x	x	x	x	x	x	x	x	x	x	x	x
14	x	x	x	x	x	x	x	x	x	x	x	x
15	x	x	x	x	x	x	x	x	x	x	x	x
16	x	x	x	x	x	x	x	x	x	x	x	x
17	x	x	x	x	x	x	x	x	x	x	x	x
18	x	x	x	x	x	x	x	x	x	x	x	x

Bieter	1,3	1,4	1,5	1,6	1,7	1,8	1,9	2	2,1	2,2	2,3	2,4
10	x	x	x	x	x							
11	x	x	x	x	x	x	x	x	x	x	x	x
12	x	x	x	x	x	x	x	x	x	x	x	x
13	x	x	x	x	x	x	x	x	x	x	x	x
14	x	x	x	x	x	x	x	x	x	x	x	x
15	x	x										
16	x	x	x	x	x	x	x	x	x	x	x	x
17	x	x	x	x	x	x	x	x	x	x	x	x
18	x	x	x	x	x	x	x	x	x	x	x	x

Bieter	2,5	2,6	2,7	2,8	2,9	3	3,1	3,2	3,3	3,4	3,5
10											
11	x	x	x	x	x						
12	x	x	x	x	x	x	x	x	x	x	x
13	x	x	x	x	x	x	x	x	x	x	
14	x	x									
15											
16	x	x	x								
17	x	x	x	x							
18	x	x	x	x							

SPD

Bieter	0,1	0,2	0,3	0,4	0,5	0,6	0,7	0,8	0,9	1	1,1	1,2
10	x	x	x	x	x	x	x	x	x	x	x	x
11	x	x	x	x	x	x	x	x	x	x	x	x
12	x	x	x	x	x	x	x	x	x	x	x	x
13	x	x	x	x	x	x	x	x	x	x	x	x
14	x	x	x	x	x	x	x	x	x	x	x	x
15	x	x	x	x	x	x	x	x	x	x	x	x
16	x	x	x	x	x	x	x	x	x	x	x	x
17	x	x	x	x	x	x	x	x	x	x	x	x
18	x	x	x	x	x	x	x	x	x	x	x	x

Bieter	1,3	1,4	1,5	1,6	1,7	1,8	1,9	2	2,1	2,2	2,3	2,4
10	x	x	x	x	x	x	x	x	x	x	x	x
11	x	x	x	x	x	x	x	x	x	x	x	x
12	x	x	x	x	x	x	x	x	x	x	x	x
13	x	x										
14	x	x	x	x	x	x	x	x	x	x	x	x
15	x	x	x	x	x	x	x	x	x	x	x	x
16	x	x	x	x	x	x	x	x	x	x	x	x
17	x	x	x	x	x	x	x	x	x	x	x	x
18	x	x	x	x	x	x	x	x	x	x	x	x

Bieter	2,5	2,6	2,7	2,8	2,9	3	3,1	3,2	3,3	3,4	3,5	3,6
10	x	x										
11	x	x	x	x	x	x	x	x	x	x		
12	x	x	x	x	x	x	x	x	x	x	x	x
13												
14												
15	x	x	x	x	x	x	x	x				
16	x	x	x	x	x							
17	x	x	x	x	x	x	x	x				
18	x	x	x	x	x	x	x	x	x	x	x	x

SPD

Bieter	3,7	3,8	3,9
10			
11			
12	x	x	x
13			
14			
15			
16			
17			
18	x	x	

FDP

Bieter	0,1	0,2	0,3	0,4	0,5	0,6	0,7	0,8	0,9	1	1,1	1,2
10	x	x	x	x	x	x	x	x	x	x	x	x
11	x	x	x	x	x	x						
12	x	x	x	x	x	x	x	x	x	x	x	x
13	x	x	x	x	x	x	x					
14	x	x	x	x	x	x	x					
15	x	x	x	x	x	x	x	x				
16	x	x	x	x	x	x	x	x	x			
17	x	x	x	x	x	x	x	x	x	x	x	x
18	x	x	x	x	x	x	x	x	x			

Bieter	1,3	1,4	1,5	1,6	1,7	1,8	1,9	2	2,1
10	x	x	x	x	x	x	x	x	x
11									
12	x								
13									
14									
15									
16									
17	x	x	x	x	x	x	x	x	
18									

Die Grünen

Bieter	0,1	0,2	0,3	0,4	0,5	0,6	0,7	0,8	0,9	1	1,1	1,2
10	x	x	x	x	x	x	x	x	x	x	x	x
11	x	x	x	x	x	x	x	x	x			
12	x	x	x	x	x	x	x	x	x	x		
13	x	x	x	x	x	x	x	x	x			
14	x	x	x	x	x	x	x	x				
15	x	x	x	x	x	x	x	x	x	x	x	x
16	x	x	x	x	x	x	x	x	x	x	x	x
17	x	x	x	x	x	x	x	x	x	x	x	x
18	x	x	x	x	x	x	x	x	x	x	x	x

Bieter	1,3	1,4	1,5	1,6	1,7	1,8	1,9	2	2,1	2,2	2,3	2,4
10	x	x										
11												
12												
13												
14												
15	x	x	x	x	x	x	x	x	x	x	x	x
16												
17	x	x	x	x	x	x	x	x	x	x	x	x
18	x	x	x	x	x	x	x	x				

Bieter	2,5	2,6
10		
11		
12		
13		
14		
15	x	
16		
17	x	x
18		

Die Linke

Bieter	0,1	0,2	0,3	0,4	0,5	0,6	0,7	0,8	0,9	1	1,1	1,2
10												
11	x	x	x	x	x	x	x	x	x	x	x	x
12	x	x	x	x	x	x	x	x	x	x		
13	x	x	x	x	x	x	x	x	x	x	x	x
14	x	x	x	x	x	x	x	x	x	x	x	x
15	x	x	x	x	x	x	x	x	x	x	x	x
16	x	x	x	x	x	x	x	x	x	x	x	x
17	x	x	x	x	x	x	x	x	x	x	x	x
18	x	x	x	x	x	x	x	x	x	x	x	x

Bieter	1,3	1,4	1,5	1,6	1,7	1,8	1,9	2	2,1	2,2
10										
11	x	x	x	x	x	x	x	x	x	x
12										
13	x	x	x	x						
14	x	x	x	x	x	x	x	x	x	x
15	x	x	x	x	x	x	x	x	x	x
16										
17	x	x	x	x	x	x	x	x	x	x
18	x	x	x	x	x	x	x	x		

Bieter	2,3	2,4	2,5
10			
11	x	x	
12			
13			
14	x	x	
15	x	x	x
16			
17	x		
18			

Sonstige

Bieter	0,1	0,2	0,3	0,4	0,5	0,6	0,7	0,8	0,9	1	1,1	1,2
10	x	x	x	x	x	x						
11	x	x	x	x	x	x	x	x	x	x	x	x
12	x	x	x	x	x	x	x	x				
13	x	x	x	x	x	x	x	x	x	x	x	x
14	x	x	x	x	x							
15	x	x	x	x	x	x	x	x	x	x	x	x
16	x	x	x	x	x	x	x	x	x	x		
17	x	x	x	x	x	x	x	x	x	x	x	x
18	x	x	x	x	x	x						

Bieter	1,3	1,4	1,5	1,6	1,7	1,8	1,9	2	2,1	2,2	2,3	2,4
10												
11												
12												
13	x	x	x	x								
14												
15	x	x	x	x	x	x	x	x	x	x	x	x
16												
17	x	x	x	x	x	x	x	x	x	x	x	x
18												

Bieter	2,5	2,6	2,7
10			
11			
12			
13			
14			
15	x	x	x
16			
17	x	x	
18			

Ermittlung des prognostizerten Wahlergebnisses

Durchgang 1

Partei	Versteigerung	Normiert auf 100%
CDU	40%	22,22%
FDP	22%	12,22%
SPD	43%	23,89%
Grüne	25%	13,89%
Linke	32%	17,78%
Sonstige	18%	10,00%
Summe	180%	100,00%

Durchgang 2

Partei	Versteigerung	Normiert auf 100%
CDU	35%	20,23%
FDP	21%	12,14%
SPD	39%	22,54%
Grüne	26%	15,03%
Linke	25%	14,45%
Sonstige	27%	15,61%
Summe	173%	100,00%

Partei	Wahlprognose durch Auktion	tatsächliches Wahlergebnis	Abweichung
CDU	21,23%	32,50%	0,1127
FDP	12,18%	3,80%	0,0838
SPD	23,22%	21,50%	0,0172
Grüne	14,46%	7,10%	0,0736
Linke	16,11%	23,70%	0,0759
Sonstige	12,80%	11,40%	0,0140

Ermittlung der quadrierten Abweichung

Partei	Wahlergebnis unter 30-jährige	Auktion	Abweichung*	Schätzung	Abweichung*
CDU	0,28	0,2123	0,0046	0,2928	0,0002
SPD	0,16	0,2322	0,0052	0,3022	0,0202
FDP	0,05	0,1218	0,0052	0,0917	0,0017
Grüne	0,13	0,1446	0,0002	0,1139	0,0003
Linke	0,16	0,1611	0	0,1444	0,0002
Sonstige	0,22	0,128	0,0085	0,0544	0,0274
Summe			0,0236		0,05

* quadrierte Abweichung

Anhang E

Scoring Modell

Fragen	S. T. 1	S. T. 2	S. T. 3	S. T. 4	S. T. 5	S. T. 6	S. T. 7	S. T. 8	S. T. 9	S. T. 10
Frage 1	------------------ --	------------------ --	------------------ --	------------------ --	------------------ --	------------------ --	------------------ --	------------------ --	------------------ --	------------------ --
Frage 2	------------------ --	------------------ --	------------------ --	------------------ --	------------------ --	------------------ --	------------------ --	------------------ --	------------------ --	------------------ --
Frage 3										
CDU	2	0	2	0	0	0	0	0	2	2
SPD	2	2	2	0	2	2	2	2	2	2
FDP	2	2	0	2	0	0	2	2	0	2
Frage 4	2	2	2	0	2	0	2	2	2	0
Frage 5	2	2	2	0	2	2	0	0	2	2
Frage 6	4	0	4	0	4	0	4	0	4	4
Frage 7	------------------ --	------------------ --	------------------ --	------------------ --	------------------ --	------------------ --	------------------ --	------------------ --	------------------ --	------------------ --
Frage 8	2	0	2	0	2	0	0	0	2	2
Frage 9	2	2	0	0	0	0	0	0	2	2
Frage 10										
CDU	4	0	2	0	0	2	0	0	0	4
SPD	4	0	2	0	0	0	0	0	0	2
FDP	4	0	2	0	0	0	0	0	0	0
Grüne	4	0	0	0	0	0	0	0	2	0
Linke	0	0	0	0	0	0	0	0	0	0
Sonstige	0	0	0	0	2	0	2	0	2	0
Frage 11	2	0	2	0	0	2	2	0	2	2
Frage 12	------------------	------------------	------------------	------------------	------------------	------------------	------------------	------------------	------------------	------------------
Frage 13	------------------	------------------	------------------	------------------	------------------	------------------	------------------	------------------	------------------	------------------
Scoringwert	36	10	22	2	14	8	14	6	22	24

S.T. - Scoring für Teilnehmer

Fragen	S.T. 11	S.T. 12	S.T. 13	S.T. 14	S.T. 15 *	S.T. 16	S.T. 17	S.T. 18
Frage 1	----------	----------	----------	----------	----------	----------	----------	----------
Frage 2	----------	----------	----------	----------	----------	----------	----------	----------
Frage 3								
CDU	0	2	2	2	2	2	0	2
SPD	2	2	2	2	2	2	2	2
FDP	0	2	2	2	2	0	0	0
Frage 4	2	0	2	2	2	2	2	2
Frage 5	2	2	2	2	2	2	2	2
Frage 6	4	4	4	4	4	4	4	4
Frage 7	----------	----------	----------	----------	----------	----------	----------	----------
Frage 8	0	2	2	2	2	2	0	2
Frage 9	0	2	2	2	2	0	2	0
Frage 10								
CDU	0	4	2	2	2	0	0	4
SPD	0	4	2	0	2	0	0	0
FDP	2	0	4	2	2	0	0	0
Grüne	2	4	4	0	0	0	0	0
Linke	0	0	0	0	0	0	0	0
Sonstige	2	0	0	0	0	0	0	0
Frage 11	2	2	2	2	2	2	2	2
Frage 12	----------	----------	----------	----------	----------	----------	----------	----------
Frage 13	----------	----------	----------	----------	----------	----------	----------	----------
Scoringwert	18	30	32	24	26	16	14	20

* Bei Frage 10 erfolgte eine Mittelwertbildung
S.T. - Scoring für Teilnehmer

Teilnehmer	1	2	3	4	5	6	7	8	9	10
Abweichung*	0,00404	0,06154	0,01246	0,07702	0,04208	0,04062	0,0481	0,07574	0,01936	0,03054
Scores	36	10	22	2	14	8	14	6	22	24

Teilnehmer	11	12	13	14	15	16	17	18
Abweichung*	0,09026	0,06598	0,00586	0,00904	0,01096	0,01336	0,04676	0,05894
Scores	18	30	32	24	26	16	14	20

Korrelationskoeffizient: -0,61195

*Summe der quadrierten Aweichung zwischen der Schätzung und dem tatsächlichen Wahlergebnis

Anhang F

Präferenzabgabe und Schätzung

Präferenzabgabe

	Teilnehmer 1	Teilnehmer 2	Teilnehmer 3	Teilnehmer 4	Teilnehmer 5	Teilnehmer 6	Teilnehmer 7	Teilnehmer 8	Teilnehmer 9
CDU	0,25	0,42	0,24	0,2	0,32	0,29	0	0,7	0,15
SPD	0,35	0,29	0,03	0,35	0,28	0,51	0,5	0	0,3
FDP	0,2	0,03	0,54	0	0,13	0,05	0,3	0,3	0,05
Die Grünen	0,17	0,11	0,06	0,4	0,15	0,05	0,2	0	0,3
Die Linke	0,03	0,11	0,03	0,05	0,07	0,05	0	0	0,16
Sonstige	0	0,04	0,1	0	0,05	0,05	0	0	0,04

	Teilnehmer 10	Teilnehmer 11	Teilnehmer 12	Teilnehmer 13	Teilnehmer 14	Teilnehmer 15	Teilnehmer 16	Teilnehmer 17	Teilnehmer 18
CDU	0	0,3	0,4	0,3	0,35	0,5	0,2	0,25	0,35
SPD	0	0,45	0,35	0,35	0,2	0,3	0,4	0,3	0,34
FDP	0	0,05	0,05	0,12	0,1	0,2	0,05	0,15	0,1
Die Grünen	0,5	0	0,15	0,13	0,15	0	0,15	0,2	0,16
Die Linke	0,5	0,2	0	0,1	0	0	0,05	0,05	0,05
Sonstige	0	0,1	0,05	0	0,2	0	0,15	0,05	0

Schätzungsangaben

	Teilnehmer 1	Teilnehmer 2	Teilnehmer 3	Teilnehmer 4	Teilnehmer 5	Teilnehmer 6	Teilnehmer 7	Teilnehmer 8	Teilnehmer 9
CDU	0,32	0,38	0,34	0,3	0,27	0,42	0,28	0,27	0,24
SPD	0,25	0,29	0,24	0,35	0,35	0,28	0,37	0,35	0,28
FDP	0,06	0,13	0,1	0,15	0,09	0,05	0,09	0,18	0,06
Die Grünen	0,08	0,12	0,09	0,1	0,11	0,11	0,1	0,1	0,14
Die Linke	0,22	0,05	0,17	0,03	0,12	0,09	0,13	0,08	0,21
Sonstige	0,07	0,03	0,06	0,07	0,06	0,05	0,03	0,02	0,07

	Teilnehmer 10	Teilnehmer 11	Teilnehmer 12	Teilnehmer 13	Teilnehmer 14	Teilnehmer 15	Teilnehmer 16	Teilnehmer 17	Teilnehmer 18
CDU	0,34	0,2	0,2	0,32	0,28	0,27	0,34	0,21	0,29
SPD	0,26	0,43	0,42	0,24	0,24	0,2	0,27	0,27	0,35
FDP	0,12	0,06	0,05	0,07	0,08	0,08	0,07	0,14	0,07
Die Grünen	0,12	0,15	0,1	0,08	0,09	0,13	0,09	0,17	0,17
Die Linke	0,12	0,1	0,18	0,24	0,25	0,19	0,15	0,18	0,09
Sonstige	0,04	0,06	0,05	0,05	0,05	0,13	0,08	0,03	0,03

Korrelation zwischen Präferenzen und Auktionsverhalten

CDU

Teilnehmer	1	2	3	4	5	6	7	8	9
Präferenz	0,25	0,42	0,24	0,2	0,32	0,29	0	0,7	0,15
Auktionsverhalten	0,4	0,35	0,34	0,39	0,36	0,35	0,31	0,35	0,1
Abweichung	-0,15	0,07	-0,1	-0,19	-0,04	-0,06	-0,31	0,35	0,05

Teilnehmer	10	11	12	13	14	15	16	17	18
Präferenz	0	0,3	0,4	0,3	0,35	0,5	0,2	0,25	0,35
Auktionsverhalten	0,17	0,29	0,35	0,34	0,26	0,14	0,27	0,28	0,28
Abweichung	-0,17	0,01	0,05	-0,04	0,09	0,36	-0,07	-0,03	0,07

Korrelationskoeffizient CDU: 0,2107449

SPD

Teilnehmer	1	2	3	4	5	6	7	8	9
Präferenz	0,35	0,29	0,03	0,35	0,28	0,51	0,5	0	0,3
Auktionsverhalten	0,11	0,3	0	0,25	0,31	0,1	0,43	0	0,18
Abweichung	0,24	-0,01	0,03	0,1	-0,03	0,41	0,07	0	0,12

Teilnehmer	10	11	12	13	14	15	16	17	18
Präferenz	0	0,45	0,35	0,35	0,2	0,3	0,4	0,3	0,34
Auktionsverhalten	0,26	0,34	0,39	0,14	0,24	0,32	0,29	0,32	0,38
Abweichung	-0,26	0,11	-0,04	0,21	-0,04	-0,02	0,11	-0,02	-0,04

Korrelationskoeffizient SPD: 0,4846806

Auktionsverhalten ist das bei der Auktion abgegebene Höchstgebote jedes Teilnehmers.

PDP

Teilnehmer	1	2	3	4	5	6	7	8	9
Präferenz	0,2	0,03	0,54	0	0,13	0,05	0,3	0,3	0,05
Auktionsverhalten	0,11	0,1	0,12	0	0,14	0,22	0,19	0	0,06
Abweichung	0,09	-0,07	0,42	0	-0,01	-0,17	0,11	0,3	-0,01

Teilnehmer	10	11	12	13	14	15	16	17	18
Präferenz	0	0,05	0,05	0,12	0,1	0,2	0,05	0,15	0,1
Auktionsverhalten	0,21	0,06	0,13	0,07	0,07	0,08	0,09	0,2	0,09
Abweichung	-0,21	-0,01	-0,08	0,05	0,03	0,12	-0,04	-0,05	0,01

Korrelationskoeffizient FDP: 0,017146

Die Grünen

Teilnehmer	1	2	3	4	5	6	7	8	9
Präferenz	0,17	0,11	0,06	0,4	0,15	0,05	0,2	0	0,3
Auktionsverhalten	0,1	0,2	0	0,21	0,23	0,25	0	0	0,12
Abweichung	0,07	-0,09	0,06	0,19	-0,08	-0,2	0,2	0	0,18

Teilnehmer	10	11	12	13	14	15	16	17	18
Präferenz	0,5	0	0,15	0,13	0,15	0	0,15	0,2	0,16
Auktionsverhalten	0,14	0,09	0,1	0,09	0,08	0,25	0,12	0,26	0,2
Abweichung	0,36	-0,09	0,05	0,04	0,07	-0,25	0,03	-0,06	-0,04

Korrelationskoeffizient Die Grünen: 0,133522

Die Linke

Teilnehmer	1	2	3	4	5	6	7	8	9
Präferenz	0,03	0,11	0,03	0,05	0,07	0,05	0	0	0,16
Auktionsverhalten	0,05	0,24	0,32	0	0,32	0,04	0	0,27	0,18
Abweichung	-0,02	-0,13	-0,29	0,05	-0,25	0,01	0	-0,27	-0,02

Teilnehmer	10	11	12	13	14	15	16	17	18
Präferenz	0,5	0,2	0	0,1	0	0	0,05	0,05	0,05
Auktionsverhalten	0	0,24	0,1	0,16	0,24	0,25	0,12	0,23	0,2
Abweichung	0,5	-0,04	-0,1	-0,06	-0,24	-0,25	-0,07	-0,18	-0,15

Korrelationskoeffizient Die Linke: -0,25312

Sonstige

Teilnehmer	1	2	3	4	5	6	7	8	9
Präferenz	0	0,04	0,1	0	0,05	0,05	0	0	0,04
Auktionsverhalten	0,09	0,15	0,18	0	0,18	0	0,04	0	0,04
Abweichung	-0,09	-0,11	-0,08	0	-0,13	0,05	-0,04	0	0

Teilnehmer	10	11	12	13	14	15	16	17	18
Präferenz	0	0,1	0,05	0	0,2	0	0,15	0,05	0
Auktionsverhalten	0,06	0,12	0,08	0,16	0,05	0,27	0,1	0,26	0,06
Abweichung	-0,06	-0,02	-0,03	-0,16	0,15	-0,27	0,05	-0,21	-0,06

Korrelationskoeffizient Sonstige: 0,04579

Korrelation zwischen der Schätzung und dem Auktionsverhalten

CDU

Teilnehmer	1	2	3	4	5	6	7	8	9
Schätzung	0,32	0,38	0,34	0,3	0,27	0,42	0,28	0,27	0,24
Auktionsverhalten	0,4	0,35	0,34	0,39	0,36	0,35	0,31	0,35	0,1
Abweichung	-0,15	0,07	-0,1	-0,19	-0,04	-0,06	-0,31	0,35	0,05

Teilnehmer	10	11	12	13	14	15	16	17	18
Schätzung	0,34	0,2	0,2	0,32	0,28	0,27	0,34	0,21	0,29
Auktionsverhalten	0,17	0,29	0,35	0,34	0,26	0,14	0,27	0,28	0,28
Abweichung	0,17	-0,09	-0,15	-0,02	0,02	0,13	0,07	-0,07	0,01

Korrelationskoeffizient CDU: 0,22887

SPD

Teilnehmer	1	2	3	4	5	6	7	8	9
Schätzung	0,25	0,29	0,24	0,35	0,35	0,28	0,37	0,35	0,28
Auktionsverhalten	0,11	0,3	0	0,25	0,31	0,1	0,43	0	0,18
Abweichung	0,14	-0,01	0,24	0,1	0,04	0,18	-0,06	0,35	0,1

Teilnehmer	10	11	12	13	14	15	16	17	18
Schätzung	0,26	0,43	0,42	0,24	0,24	0,2	0,27	0,27	0,35
Auktionsverhalten	0,26	0,34	0,39	0,14	0,24	0,32	0,29	0,32	0,38
Abweichung	0	0,09	0,03	0,1	0	-0,12	-0,02	-0,05	-0,03

Korrelationskoeffizient SPD: 0,42503

FDP

Teilnehmer	1	2	3	4	5	6	7	8	9
Schätzung	0,06	0,13	0,1	0,15	0,09	0,05	0,09	0,18	0,06
Auktionsverhalten	0,11	0,1	0,12	0	0,14	0,22	0,19	0	0,06
Abweichung	-0,05	0,03	-0,02	0,15	-0,05	-0,17	-0,1	0,18	0

Teilnehmer	10	11	12	13	14	15	16	17	18
Schätzung	0,12	0,06	0,05	0,07	0,08	0,08	0,07	0,14	0,07
Auktionsverhalten	0,21	0,06	0,13	0,07	0,07	0,08	0,09	0,2	0,09
Abweichung	-0,09	0	-0,08	0	0,01	0	-0,02	-0,06	-0,02

Korrelationskoeffizient FDP: -0,21932

Die Grünen

Teilnehmer	1	2	3	4	5	6	7	8	9
Schätzung	0,08	0,12	0,09	0,1	0,11	0,11	0,1	0,1	0,14
Auktionsverhalten	0,1	0,2	0	0,21	0,23	0,25	0	0	0,12
Abweichung	-0,02	-0,08	0,09	-0,11	-0,12	-0,14	0,1	0,1	0,02

Teilnehmer	10	11	12	13	14	15	16	17	18
Schätzung	0,12	0,15	0,1	0,08	0,09	0,13	0,09	0,17	0,17
Auktionsverhalten	0,14	0,09	0,1	0,09	0,08	0,25	0,12	0,26	0,2
Abweichung	-0,02	0,06	0	-0,01	0,01	-0,12	-0,03	-0,09	-0,03

Korrelationskoeffizient Die Grünen: 0,50080

Die Linke

Teilnehmer	1	2	3	4	5	6	7	8	9
Schätzung	0,12	0,1	0,18	0,24	0,25	0,19	0,15	0,18	0,09
Auktionsverhalten	0	0,24	0,1	0,16	0,24	0,25	0,12	0,23	0,2
Abweichung	0,12	-0,14	0,08	0,08	0,01	-0,06	0,03	-0,05	-0,11

Teilnehmer	10	11	12	13	14	15	16	17	18
Schätzung	0,22	0,05	0,17	0,03	0,12	0,09	0,13	0,08	0,21
Auktionsverhalten	0,05	0,24	0,32	0	0,32	0,04	0	0,27	0,18
Abweichung	0,17	-0,19	-0,15	0,03	-0,2	0,05	0,13	-0,19	0,03

Korrelationskoeffizient Die Linke: 0,13688

Sonstige

Teilnehmer	1	2	3	4	5	6	7	8	9
Schätzung	0,07	0,03	0,06	0,07	0,06	0,05	0,03	0,02	0,07
Auktionsverhalten	0,09	0,15	0,18	0	0,18	0	0,04	0	0,04
Abweichung	-0,02	-0,12	-0,12	0,07	-0,12	0,05	-0,01	0,02	0,03

Teilnehmer	10	11	12	13	14	15	16	17	18
Schätzung	0,04	0,06	0,05	0,05	0,05	0,13	0,08	0,03	0,03
Auktionsverhalten	0,06	0,12	0,08	0,16	0,05	0,27	0,1	0,26	0,06
Abweichung	-0,02	-0,06	-0,03	-0,11	0	-0,14	-0,02	-0,23	-0,03

Korrelationskoeffizient Sonstige: 0,36209

Anhang G

Wahlergebnisse

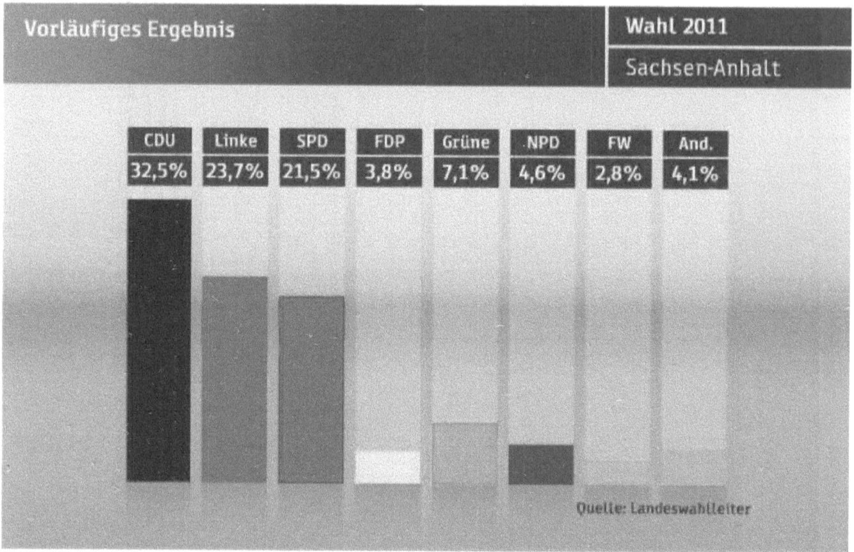

http://wahltool.zdf.de/2011-03-20-LT-DE-ST/_html5/indexf.shtml?#container

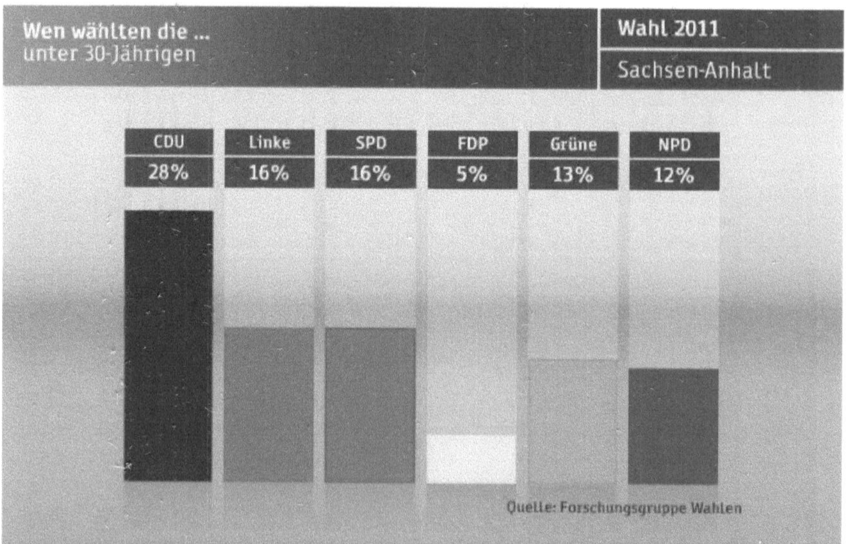

http://wahltool.zdf.de/2011-03-20-LT-DE-ST/_html5/indexf.shtml?#container